儿童
安全意识
养成课

风信子
著

天津出版传媒集团

天津科学技术出版社

图书在版编目（CIP）数据

儿童安全意识养成课 / 风信子著. -- 天津 ： 天津
科学技术出版社，2019. 03（2023. 2重印）
　　ISBN 978-7-5576-5824-3

　　Ⅰ．①儿… Ⅱ．①风… Ⅲ．①安全教育－青少年读物
Ⅳ．①X956-49

中国版本图书馆CIP数据核字（2018）第272712号

儿童安全意识养成课
ERTONG ANQUAN YISHI YANGCHENGKE
责任编辑：方　艳

出　　版：	天津出版传媒集团	
	天津科学技术出版社	
地　　址：	天津市西康路35号	
邮　　编：	300051	
电　　话：	（022）23332695	
网　　址：	www. tjkjcbs. com. cn	
发　　行：	新华书店经销	
印　　刷：	唐山市铭诚印刷有限公司	

开本 880×1230　　1/32　　印张6　　字数 110 000
2023年2月第1版第4次印刷

定价：42.00元

序

给小朋友的一封信

亲爱的小朋友：

你好！我是一只小黄鸭，你可以叫我"嘎嘎"，也可以叫我"丫丫"。我最喜欢黄色，所以总是穿黄色的衣服、黄色的鞋子。如果你看到这样一只黄色的小鸭子，说不定那就是我呢！

小朋友，你几岁了呢？我今年已经5岁了。妈妈说我已经是个大孩子了，所以不再给我买玩具了。但是，今年我收到了最特别的生日礼物——一本书，书名是《儿童安全意识养成课》。我太喜欢这个生日礼物了！

小朋友，你喜欢读书吗？你在幼儿园会看什么书呢？别看我很顽皮，我可是很爱读书的哟！每天晚上，妈妈都会陪着我一起读书。现在，读书已经成了我睡前的习惯了呢！

妈妈也说爱读书的孩子是乖孩子呢！你是不是一个爱读书的乖孩子呢？

　　我刚刚读完《儿童安全意识养成课》，这本书主要是教给我们安全知识的，其中包含了我们日常生活中常见的多种情况，并告诉我们在出现这些情况时应该怎样做。书中的内容主要有家庭安全、幼儿园安全、交通安全、与陌生人相处安全、人身安全、危急事件应对安全。下面，我就给你详细地介绍一下这本书的内容吧！

　　1. 家庭安全

　　主要包括：设立安全区，不玩剪刀等锋利物品，不乱吃药，不玩火，不玩热水，不玩电，不伤害宠物，自己在家时有人敲门不开门。

　　2. 幼儿园安全

　　主要包括：不在楼梯和走廊玩闹，听指挥参与体育运动，不乱玩危险游戏，小朋友给起外号怎么办，跟同学打架了怎么办，应该讲义气还是讲道理，不去偏僻的地方玩耍。

　　3. 交通安全

　　主要包括：常见的交通规则，不在马路上追逐打闹，坐儿童专用座椅，不能骑儿童自行车上路，外出游玩时要文明乘坐公交车，不坐超载校车，不在停车场玩耍，遇到交通事故怎么办。

4. 与陌生人相处安全

主要包括：陌生人不一定是坏人，陌生人说帮父母接我怎么办，能给陌生人带路吗，不要接受陌生人的糖果和玩具，被陌生人跟踪怎么办，被陌生人拐骗怎么办。

5. 人身安全

主要包括：坏人就是长得难看的人吗，不喜欢被叔叔亲怎么办，自己的隐私部位不让别人碰，怎么分辨是不是好的接触，不要跟隔壁的叔叔玩游戏，老师打我怎么办。

6. 危急事件应对安全

主要包括：走丢了怎么办，看到有人落水怎么办，被困在电梯里怎么办，燃气泄漏怎么办，房子着火怎么办，打雷下雨怎么办，发生地震怎么办。

小朋友，听完我的介绍，你是不是也想自己好好地读一读这本书呢？那就不要犹豫，赶紧行动起来吧。读完这本书，你的安全意识与自我保护能力一定会有大大的提高！说不足，你还能帮助到爸爸妈妈呢！赶快跟我一起来学习吧！

对了，你读完这本书的时候，千万记得告诉我一声哦！我还要考一考你呢！所以，小朋友，你读书的时候一定要认真哦！这是我们的秘密，你一定不能忘哦！

最后，祝你身体健健康康，快快乐乐长大！

你的好朋友：小黄鸭

目　录

第一章

妈妈请放心，我在自己的安全区玩

你好！小朋友！下面我们就要开始学习安全知识了，你一定要认真地学，别忘了我们的秘密哦！在学习之前，我先来考考你：你知道家里的哪些地方属于危险地带吗？你知道哪些东西不能当玩具吗？你知道独自在家有人敲门应该怎么办吗？如果你不知道，那就跟着我一起来学习吧！

哪里是我的安全区呢

🦆 小鸭说安全

我的安全区

我的安全区是比较安全的区域。在这个区域中玩耍，我很少受伤。每天，我都可以独自在安全区玩玩具火车、看书。妈妈也可以安心地做饭，不用担心我的安全。小朋友，你有自己的安全区吗？

我的安全区在哪里呢

我有自己的安全区，我更喜欢叫它游戏区。爸爸妈妈在客厅的一角给我留出了足够的空间，我的玩具、书本都放在那里。我的游戏区有聪明的喜羊羊，有可爱的小猪佩奇。有时候，爸爸妈妈也会来我的游戏区做客呢！

危险地带

危险地带是我们这些小朋友不可以去的地方，因为我们很容易在这些地方受伤，让爸爸妈妈担心。家里的危险地带有厨房、浴室、窗台、阳台、衣柜旁、洗衣机旁等。我们要做乖宝宝，远离这些危险地带。

✂ 想一想

小朋友，你还知道哪里属于危险地带吗？跟爸爸妈妈讨论一下吧！

安全小口诀

小朋友，讲安全，
安全区里做游戏，
危险地带我不去！

安全互动小测验

一、判断题

下列说法中哪些是对的？哪些是错的？请在对的括号内打
"√"，错的括号内打"×"，并说出你的判断理由。

1. 小朋友可以去厨房玩耍。（   ）

2. 小朋友不可以独自去浴室玩耍，但是在洗澡时，可以跟着妈
妈一起去浴室。（   ）

3. 阳台上有美丽的花，小朋友可以自己去阳台上看。（   ）

二、在家里，你平时在哪里玩耍？你知道哪些地方是不能去的
吗？请试着画一画，写一写。

_____

_____

_____

_____

在客厅、卧室等相对宽阔的区域为孩子圈定一个安全区，让他在自己的安全区玩玩具、看童书，这样会有效地降低孩子步入危险区域的概率，减少意外伤害事故。

安全互动小测验判断题答案：
1. ✕   2. ✓   3. ✕

我可以玩刀具吗

常见的刀具有哪些

我们在家里经常会见到各式各样的刀具，如小刀、水果刀、剪刀、菜刀、指甲刀、螺丝刀等。这些刀具都很锋利，是我们这些小朋友不能接触的危险物品，只有大人才可以用呢！

我有自己的专用刀具

我冲妈妈撒娇、卖萌、做保证，妈妈终于答应给我买了一套小孩子也可以用的刀具。太开心了，终于可以像某些小朋友一样自己切水果了。小朋友，你有自己的专用刀具吗？

刀具不是玩具

妈妈跟我说，在使用刀具的时候，手要握住刀把，不能握刀尖、刀刃，用完还要收起来放好。我当然知道啦！我还知道不能把这些刀具当玩具呢，要不然，很容易就会伤到我自己，或者伤到其他的小朋友。

被割伤了怎么办

如果你不小心割伤了手，一定要赶快告诉爸爸妈妈哟！千万不要只顾着玩，也不能只是哭。要知道，处理伤口可是很重要的哦！小朋友，你记住了吗？

想一想

小朋友，你还知道哪些物品是我们不能接触的危险物品吗？跟爸爸妈妈讨论一下吧！

安全小口诀

小朋友，乖宝宝，
锋利刀具不乱玩，
受伤流血找妈妈。

安全互动小测验

一、判断题

下列说法中哪些是对的？哪些是错的？请在对的括号内打"√"，错的括号内打"×"，并说出你的判断理由。

1. 小朋友不会使用小刀，可以用转笔刀削铅笔。（　　）

2. 妈妈看不到时，小朋友可以偷偷拿大人的剪刀剪纸。（　　）

3. 刀刃割伤了手指后，小朋友要赶快告诉妈妈。（　　）

二、在生活中，你接触过哪些刀具？这些刀具都有什么用处？请试着画一画，写一写。

_____

_____

_____

家长教育小锦囊

家中常备的修理工具（螺丝刀、锤子、钳子等）与易伤人的危险物品（剪刀、缝衣针、钉子等）在使用后要及时地收起来，放到孩子接触不到的地方，从源头上避免孩子受到伤害。

安全互动小测验判断题答案：		
1. √	2. ×	3. √

药不是糖，不能乱吃

药和糖有什么区别呢

很多小朋友都跟我有同样的疑问吧！我们多希望有一个鉴定机器呀，那样，我们就可以知道是药还是糖了，就不会把药错当成糖吃了。

糖甜甜的，吃糖时，我们的嘴唇、舌头也都是甜甜的；可是，如果我们没有生病，却把药当成糖吃了，那我们的身体就会难受，还有可能有生命危险呢！所以，小朋友千万不能乱吃药哦！当然，如果我们生病了，就要乖乖吃药，因为这样才会快点儿好起来呀！

我有可爱的小药箱

我有一个可爱的小药箱，每次我生病时，妈妈都会把医生开的药放到我的小药箱里，我吃完药之后，妈妈就会把我的小药箱锁起来，放到高高的柜子上。妈妈说，小孩吃的药跟大人吃的药是不一样的，所以小朋友千万不要吃大人的药哦！

有毒的物品有哪些

除了药品，洗涤剂、零食中的食品干燥剂、妈妈的化妆品也都是有毒的，我们千万不能把这些东西放到嘴里。如果你不小心吃了这些，一定要赶快告诉妈妈哦！

想一想

小朋友，你还知道哪些属于有毒物品吗？跟爸爸妈妈讨论一下吧！

安全小口诀

小药丸，危害大，
陌生东西不乱吃，
病从口入真难受！

安全互动小测验

一、判断题

下列说法中哪些是对的？哪些是错的？请在对的括号内打"√"，错的括号内打"×"，并说出你的判断理由。

1. 看到妈妈吃药，小朋友也可以吃同样的药。（　　）

2. 小朋友的药最好单独放置，药箱也要放到一个安全的地方。（　　）

3. 洗衣粉、洗涤剂等都是有毒的物品，不能放到嘴里。（　　）

二、在生活中，你看到过哪些有毒物品？请试着画一画，写一写。

_____

_____

_____

家长教育小锦囊

将药品妥善保管，放到孩子接触不到的地方；不要跟孩子说药跟糖一样甜，以免孩子误把药当成糖；不将大人的药减量喂给小孩。

安全互动小测验判断题答案：

1. ✕   2. ✓   3. ✓

玩火的"红孩儿"不是乖孩子

常见的火种

火柴、打火机是常见的火种，它们可以快速地产生火苗。一不小心，我们就可能烧伤自己，引起火灾。小朋友可千万不能玩哦！

哪些属于易燃物呢

书本、纸、衣服、蜡烛、蚊香、鞭炮、汽油等都很容易被点燃，它们都属于易燃物。原本很小的火，只要接触这些物品，就会变成大火苗。小朋友千万要注意，不能随便点火哦，更不能把易燃物品与火种放到一起，不然很容易就会引发火灾。

与火相关的安全标志

小小的火苗会变成熊熊大火，危害我们的安全。让我们一起认识一下与火相关的安全标志吧！不在这些地方玩火，才能让爸爸妈妈放心呢！

禁止吸烟　　禁止烟火　　禁止带火种　　禁止放易燃物　　当心火灾

想一想

小朋友，你还认识哪些与火相关的安全标志呢？跟爸爸妈妈讨论一下吧！

安全小口诀

小朋友，不玩火，
不点蜡烛不放炮，
安全大事不能忘！

安全互动小测验

一、判断题

下列说法中哪些是对的？哪些是错的？请在对的括号内打"√"，错的括号内打"✕"，并说出你的判断理由。

1. 打火机和报纸不能放在一起。（　）

2. 停电的时候，小朋友不能玩打火机，妈妈可以用打火机点燃

蜡烛。（　）

3. 小朋友可以用烟头点燃路边的树叶。（　）

二、你知道哪些物品属于易燃物吗？请试着画一画，写一写。

_____

_____

_____

安全互动小测验判断题答案：

1. ✓　　　2. ✓　　　3. ✕

电是会隐身的"大老虎"

家用电器不能随便碰

电视机、冰箱、空调、洗衣机、电脑、电饭锅、微波炉、热水器、电吹风、电灯等都是常见的家用电器，小朋友是不能随便碰的，不然很容易被电着哦！

不碰电源插座

电源插座是不能摸的，它有自己的小嘴巴。如果你把手指或者金属片、铁丝插到它的小孔里，它就会咬你的！所以，你一定要乖乖的哟！

安全用电

电是会隐身的"大老虎"，一不小心，我们就可能受到它的伤害。小朋友要保护好自己，记住：不用湿手碰电源插座，不用湿毛巾擦电器，不把电线当玩具。安全用电才是个乖宝宝！

有人触电怎么办

看到有人触电了，赶紧去告诉爸爸妈妈或者其他的大人，大人会处理好的。小朋友一定不要靠近哦，要不然你很可能一不小心也被电呢！

小朋友，你知道下面这个标志是什么意思吗？跟爸爸妈妈讨论一下吧！

安全小口诀

小小电，会咬人，
插座电器不乱碰，
有电标志要远离！

🔍 安全互动小测验

一、判断题

下列说法中哪些是对的？哪些是错的？请在对的括号内打
"√"，错的括号内打"✕"，并说出你的判断理由。

1. 小朋友可以拿金属丝捅插座孔玩。（ ）

2. 电视机上落了许多灰尘，可以直接用湿布擦干净，不用关掉电视机。（ ）

3. 刚洗完手，小朋友是不能碰电源插座的。（ ）

二、你认识哪些家用电器？你知道这些电器都有什么作用吗？请试着画一画，写一写。

_____

_____

_____

安全互动小测验判断题答案：		
1. ✕	2. ✕	3. ✓

热水会烫手，我不玩

什么东西会烫伤小朋友

热水瓶、电水壶、保温杯都可能盛有热水，我们要远离这些物品，要不然很有可能被热水烫伤。而且，冬天用来取暖的暖水袋，夏天的铁制器材，比如滑梯，也有可能烫到我们，我们在接触这些物品时一定要小心。

加洗澡水时，要先加凉水，再慢慢加热水

我每天晚上睡觉前都会洗澡。在我5岁以前，一直是妈妈给我加洗澡水的，现在我是个大孩子了，会自己加洗澡水了。妈妈说要先加凉水，再慢慢加热水。我听妈妈的话，从来没有被热水烫过，妈妈一直夸我是个能干的好孩子呢！小朋友，你会自己加洗澡水吗？

被烫伤了怎么办

要是你不小心把餐桌上的热汤弄洒了，滴到了自己的手上，要立刻用冷水冲洗降温，千万不要只顾着哭呀。要知道，哭是不能止疼的。如果烫伤严重，就要乖乖地跟着爸爸妈妈去医院哟！

想一想

小朋友，你知道还有哪些东西会烫到你吗？跟爸爸妈妈讨论一下吧！

023

安全小口诀

小朋友，要听话，

不玩热水防烫伤，

烫伤严重去医院！

安全互动小测验

一、判断题

下列说法中哪些是对的？哪些是错的？请在对的括号内打"√"，错的括号内打"×"，并说出你的判断理由。

1. 夏天温度高，小朋友在室外玩金属滑梯很容易烫伤屁股。（　　）

2. 加洗澡水时，需要先加凉水，再慢慢加入热水，这样才不会被烫伤。（　　）

3. 被烫伤了可以用牙膏、酱油等涂抹伤处。（　　）

二、你被什么东西烫到过？被烫后是怎么处理的呢？请试着将这个过程画一画，写一写。

_____

_____

_____

安全互动小测验判断题答案：

1. √　　　　2. √　　　　3. ×

跟宠物相处，安全事项要记牢

家中养的宠物要健康

妈妈在宠物店给我买了一只可爱的小狗，我给它起名叫"贝贝"。每隔一段时间，我跟妈妈都会带着贝贝去打针。我知道打针很疼，贝贝肯定也不喜欢打针。但是妈妈说，给贝贝打针，它就不会生病，我们也不会被传染。

卫生安全很重要

贝贝身上很容易沾上脏东西，也有我们看不见的细菌。我每天都会跟妈妈一起给贝贝洗澡，洗完澡的贝贝俨然就是一个小公主呢！我在跟贝贝玩耍后，也会好好洗手，讲卫生才是好孩子！小朋友，你是个讲卫生的好孩子吗？

宠物是我的好朋友

贝贝是我的好朋友，我不会打它，也不会跟它抢玩具。妈妈说，我是一个合格的小主人，贝贝也会因为遇见我这个小主人而感到幸福呢！

遇到不认识的小动物怎么办

小动物很可爱，我们都喜欢跟小动物一起玩耍。但是遇到不认识的小动物，我们可不能招惹它们，更不能欺负那些没有小主人的流浪猫、流浪狗。要知道，它们可不会像我们养的小宠物一样乖巧，它们会咬我们的！

想一想

小朋友，你知道跟宠物相处还需要注意什么吗？跟爸爸妈妈讨论一下吧！

安全小口诀

养宠物，讲卫生，
勤打针来勤洗澡，
流浪动物我不逗！

安全互动小测验

一、判断题

下列说法中哪些是对的？哪些是错的？请在对的括号内打"√"，错的括号内打"×"，并说出你的判断理由。

1. 不购买来路不明的小动物。（　　）

2. 公园的流浪猫没有人管，我们可以随意欺负。（　　）

3. 小狗的身上脏了，我们要及时给小狗洗澡。（　　）

二、你的小宠物叫什么名字？你是怎样与它相处的？请试着画一画，写一写。

_____

_____

_____

🔥 家长教育小锦囊

注意宠物卫生，及时清理宠物粪便，定期带宠物进行全面的身体检查，喂养性情温驯的小动物，等等，都可以给孩子营造一个温馨的环境，让孩子健康、安全地成长。

安全互动小测验判断题答案：
1. √　　　2. ×　　　3. √

我自己在家，有人敲门怎么办

关好门窗

我很少一个人在家，但有时候爸爸妈妈都有事出去，我就只能自己待在家里了。妈妈每次出门前都会关好窗，锁好门，这样坏人就没法进来了。小朋友，如果你害怕自己一个人在家，就一定要告诉爸爸妈妈哦！这样，他们就不会把你一个人留在家里了。

不是家人，不开门

独自在家有人敲门怎么办？小朋友先不要慌，你要记住"不是家人，不开门"。只有家人敲门才可以开门，剩下的不管是陌生人还是熟人，都不能开门哟！

假装有大人在家

如果敲门的人说他认识爸爸妈妈，你会怎么办呢？千万不要轻易相信他的话。你要假装有大人在家，对敲门的人说："爸爸在看书，我去叫他。"或者说："妈妈在睡觉，我去叫她。"小朋友要记住，千万不要告诉别人你一个人在家哟！

打电话求助

妈妈给家里的电话设置了快捷键，我摁"1"可以打给妈妈的手机，摁"2"可以打给爸爸的手机。妈妈告诉我，如果我很害怕，也可以打报警电话"110"，警察叔叔会来帮助我的。小朋友，你也要学习打电话哦！

✂ 想一想

小朋友，遇到下图中的情况你会怎么办呢？跟爸爸妈妈讨论一下吧！

安全小口诀

关好门窗不害怕，
有人敲门不开门，
电话求助保平安！

安全互动小测验

一、判断题

下列说法中哪些是对的？哪些是错的？请在对的括号内打
"√"，错的括号内打"×"，并说出你的判断理由。

1. 我一个人在家时，有人敲门说是爸爸的同事，我可以给他
开门。（　　）

2. 父母不在时，有熟人敲门也不能开门。（　　）

3. 有陌生人一直敲门，小朋友可以打报警电话"110"求
助。（　　）

二、当你独自在家听到有人敲门时，你有几种方法应对呢？请

试着画一画，写一写。

_____

_____

_____

家长教育小锦囊

　　平时注意与孩子进行实战演练，让孩子学会机智地应对敲门人，冷静地打电话解决自己的危机，这样做可以防患于未然，保障孩子的人身安全。

第二章
我在幼儿园很听话，不乱跑

哈喽！小朋友！你还记得我吗？经过一段时间的学习，你是不是已经掌握了一些安全知识呢？当然，这些是远远不够的。不信你来答答看：你在幼儿园有没有受过伤呢？你知道哪些游戏很危险，不能玩吗？你知道在幼儿园的哪些地方不能逗留吗？接下来，我们再来一起学习吧！

楼梯和走廊是我玩闹的禁区

😎 小鸭说安全

上下楼梯有秩序

"上下楼,有秩序;靠右行,不着急。"课间活动时,我们都会按照老师的指挥,一个个排队上下楼梯。老师总是表扬我们,夸我们聪明、乖巧呢!小朋友,你是不是也遵守上下楼梯的秩序呢?

不在走廊追逐打闹

老师说在走廊里追逐打闹是不对的,很容易磕到墙上,或者碰到其他的小朋友。但是有时候,我玩着玩着就忍不住要跑起来。以后,我一定会改正的。小朋友,你是不是跟我有同样的问题呢?我们互相监督吧!

不攀爬栏杆和扶手

楼道护栏、楼梯扶手都是用来保护我们的安全的,让我们在楼道、楼梯上行走时不会摔下去,是不能攀爬的。如果你攀爬楼道护栏,把楼梯扶手当滑梯,很容易就会受伤的!小朋友,我们要做乖孩子,可不能做这些不安全的事情哦!

✂ 想一想

小朋友,你知道在楼梯与走廊上行走还需要注意什么吗?跟爸爸妈妈讨论一下吧!

安全小口诀

上下楼，有秩序，
楼梯走廊不奔跑，
栏杆扶手不攀爬!

安全互动小测验

一、判断题

下列说法中哪些是对的？哪些是错的？请在对的括号内打
"√"，错的括号内打"✕"，并说出你的判断理由。

1. 我们可以在楼道里玩踢毽子、跳绳等游戏。（　　）

2. 上下楼梯要靠右行走，不能在楼梯上奔跑。（　　）

3. 楼道里的安全护栏很结实，小朋友可以趴在上面玩。（　　）

二、在楼梯与走廊上有哪些行为是不能做的呢？请试着画一
画，写一写。

_____

_____

_____

平时锻炼孩子自己上下楼梯的能力，教给孩子上下楼梯的方法，如靠右行走，礼让行人等，都会潜移默化地影响孩子在幼儿园的行为，减少踩踏事故与意外伤害。

安全互动小测验判断题答案：		
1. ✕	2. ✓	3. ✕

体育运动听指挥，我是运动小达人

我最喜欢上体育课了

在体育课上，老师会带着全班的小朋友一起做游戏。我们会玩接力跑、跳圈圈、钻山洞这些适合我们的游戏，小朋友们在一起玩，别提有多开心了！

热身运动很重要

每次玩游戏之前，我们都要先跟着老师一起做热身运动，这样我们在玩游戏的时候才不会受伤。如果不好好热身，就很可能会抽筋、崴脚。小朋友，你在玩游戏之前会像我一样好好做热身运动吗？

不使用危险的器材

有些体育器材不适合我们这些小朋友玩的，对我们来说是很危险的。如果我们不听老师的话，非要玩这些危险的器材，我们就很可能受伤。

身体不舒服要告诉老师

身体不舒服的时候一定要告诉老师哦！尤其是在体育课上，千万不要忍着疼玩游戏；在做运动时，小朋友千万不要逞能。老师知道你身体不舒服，才会更好地照顾你呀！小朋友，你明白了吗？

想一想

小朋友，你知道在体育运动后需要注意什么吗？跟爸爸妈妈讨论一下吧！

安全小口诀

要运动，先热身，
活动四肢扭扭腰，
危险器材要远离！

安全互动小测验

一、判断题

下列说法中哪些是对的？哪些是错的？请在对的括号内打"√"，错的括号内打"×"，并说出你的判断理由。

1. 在体育课上玩游戏前，小朋友要先跟随老师做热身运动。（ ）

2. 小朋友可以不听老师的话，使用有危险性的器材。（ ）

3. 运动完不能为了凉快随便脱衣服或饮用大量冷饮，以免着凉。（　　）

二、你最喜欢玩什么游戏？玩这个游戏需要注意哪些安全问题？请试着画一画，写一写。

_____

_____

_____

🔥 **家长教育小锦囊**

给孩子准备舒适的运动装，平时与孩子一起做简单的体育运动，随时了解孩子的身体状况，可以培养孩子运动时的安全意识。

安全互动小测验判断题答案：

1. √　　2. ✕　　3. √

危险游戏不乱玩

不玩暴力性玩具

弹弓、弓箭和能发射子弹的玩具枪都属于暴力性玩具，是很危险的！我们玩这些玩具，很可能会伤害别的小朋友，自己也可能受伤。所以，小朋友千万不要乱玩这些玩具哦！

不模仿危险动作

我们从电视上看到有的人嘴里可以喷火，超人可以在天上飞。于是，很多小朋友都去模仿这些动作，其实这样做是不对的，一不小心，我们就会受伤。如果你想知道为什么电视里的人这么厉害，那你就去问问老师还有爸爸妈妈吧！

不玩打斗游戏

我们身体的协调能力还很差，在玩打斗游戏时，我们很可能会无意间伤害到其他的小朋友。在玩跳马、叠罗汉的游戏时，我们也很容易摔倒受伤。小朋友，在做游戏前，先征求老师的同意吧！

不开过火的玩笑

你有没有把同学的椅子抽走过？如果没有，那你是个乖孩子，请继续保持哦！如果你这样做过，从现在开始可要改正了。要知道，你把同学的椅子抽走，他就很容易摔倒、磕碰到身体，这可是件很严重的事情呢！小朋友千万不要开这种过火的玩笑啊！

✂ **想一想**

　　小朋友，你还知道哪些游戏属于"危险游戏"吗？跟爸爸妈妈讨论一下吧！

安全小口诀

做游戏，重安全，
危险动作不模仿，
危险游戏不乱玩！

安全互动小测验

一、判断题

　　下列说法中哪些是对的？哪些是错的？请在对的括号内打"√"，错的括号内打"×"，并说出你的判断理由。

　　1. 玩具手枪很容易伤到小朋友，我们不能乱玩。（　　）

2. 看到电视上有人从高处跳下来不会受伤，我们也可以模仿这个动作。（　　）

3. 同学站起来回答老师的问题时，把他的椅子抽走也没关系。（　　）

二、你曾经跟同学玩过哪些危险游戏？以后应该怎么做呢？请试着画一画，写一写。

_____

_____

_____

🔥 **家长教育小锦囊**

在日常生活中，为孩子选择健康的书籍、影视剧，开展富有安全教育意义的亲子游戏，有助于孩子的身心健康成长。

安全互动小测验判断题答案：
1. √　　　2. ✕　　　3. ✕

小朋友给我起外号，取笑我怎么办

若不喜欢自己的外号，则要大声说出来

你有没有什么外号呢？你喜欢这个外号吗？我有一个不好听的外号——矮冬瓜。因为我的个子不高，同学们就经常叫我"矮冬瓜"，我听了十分难受。你是不是也跟我有同样的经历呢？如果是，你一定要勇敢地说出自己的想法，大声地告诉他们："我不喜欢这个外号，不要再这样叫我了！"

告诉老师和爸爸妈妈

如果你不敢直接告诉同学们你的想法，也可以向老师和爸爸妈妈求助哦！要知道，你这样做并不是在打小报告，而是在帮同学们改正错误。相信老师和爸爸妈妈一定会帮你处理好这个问题的！

不给别人起外号

虽然我们年龄小，给别人起外号也没有恶意，但是，随便给人起外号会伤害到别人。如果有人叫你"鼻涕虫""胆小鬼""胖妞"，你是不是也会伤心难过呢？所以，小朋友千万要记住，不要给别人起难听的外号哟！

想一想

小朋友，你给别人起过外号吗？你觉得给别人起外号好不好呢？跟爸爸妈妈讨论一下吧！

安全小口诀

起外号，真不好，
不起外号不骂人，
我是可爱乖宝宝！

安全互动小测验

一、判断题

下列说法中哪些是对的？哪些是错的？请在对的括号内打"√"，错的括号内打"×"，并说出你的判断理由。

1. 不喜欢别人给自己起外号，我应该告诉爸爸妈妈。（　　）

2. 只要不是恶意的，给别人起外号就没关系。（ ）

3. 告诉老师自己不喜欢同学给起外号，这不是在打小报告。（ ）

二、如果有人叫你"笨小孩"，你会怎么做呢？请试着画一画，写一写。

_____

_____

_____

安全互动小测验判断题答案：		
1. √	2. ✕	3. √

我跟同学打架了，老师是不是不喜欢我了

要学会保护自己

小朋友，你会保护自己吗？有小朋友要打你的时候你会怎么做呢？是打回去还是告诉老师呢？我告诉你，聪明的小朋友都会先选择逃跑的，挨打多疼呀！你说是不是？等你安全的时候，你就可以告诉老师了。现在你知道怎么保护自己了吗？

不和别人打架

老师说，聪明的小孩是不打架的；妈妈说，不打架的小孩才是好孩子。那我要做个聪明的好孩子！我知道，打架是不对的，会伤害别人的身体。别看我们年龄小，我们可是比大人还懂事呢！

✂ 想一想

小朋友，你跟别的小朋友打过架吗？为什么会打架呢？跟爸爸妈妈讨论一下吧！

安全小口诀

小朋友，不打架，
保护自己先逃离，
求助老师要牢记！

一、判断题

下列说法中哪些是对的？哪些是错的？请在对的括号内打"√"，错的括号内打"×"，并说出你的判断理由。

1. 幼儿园的同学不听我的话，我可以打他。（　　）

2. 小朋友被打了要主动告诉老师。（　　）

3. 打架后主动认错的还是好孩子，老师也会继续喜欢他的。（　　）

二、你跟小朋友发生了冲突，对方要打你，你会怎么做？请试着画一画，写一写。

_____

_____

家长教育小锦囊

避免暴力沟通，与孩子平和交流，营造出一个尊重、讲理的家庭氛围，孩子自然会远离暴力事件，机智地维护自身的安全。

安全互动小测验判断题答案：

1. ✕　　　2. √　　　3. √

讲义气PK讲道理，我该选哪个

不跟朋友一起做坏事

你的朋友让你帮忙抢小朋友的玩具，你会怎么做呢？小朋友，讲义气可不是用在这个时候的哟！不管什么时候，我们都不能做坏事，记住了吗？如果遇到这种事，你知道应该怎么做了吗？

先分清对错，再讲道理

看到同学闹矛盾时，你会怎么做呢？会不问原因就帮助跟自己关系好的同学吗？小朋友，你要知道，这样做可是不对的哟！我们应该先了解事情的经过，分清楚对错，然后再讲道理。如果你还是无法解决问题，就找老师帮忙。

什么样的朋友才是好朋友呢

好朋友会跟我们一起玩游戏，一起学习，也会把他的玩具借给我们玩。而坏朋友会抢小朋友的玩具，跟小朋友要钱。我们要跟好朋友一起玩，把不好的事情告诉爸爸妈妈。

想一想

小朋友，你觉得幼儿园里谁是你的好朋友呢？跟爸爸妈妈讨论一下吧！

安全小口诀

小朋友，讲道理，
哥们义气不可取，
不做坏事我有理！

安全互动小测验

一、判断题

下列说法中哪些是对的？哪些是错的？请在对的括号内打"√"，错的括号内打"×"，并说出你的判断理由。

1. 一个好朋友被别的同学欺负，小朋友们要去帮他报仇。（　　）

2. 班里发生打架事件，我们应该及时通知老师，以免出现意外伤害。（　　）

3. 好朋友要抢别人的玩具玩，我也要去帮忙。（　　）

二、你和朋友在一起会做些什么呢？你知道安全交友的方法吗？请试着画一画，写一写。

_____

_____

_____

安全互动小测验判断题答案：		
1. ✕	2. ✓	3. ✕

偏僻的地方很危险，我不去那儿玩耍

小鸭说安全

危险的地方有哪些

我们的幼儿园，除了教室、食堂、操场，还有一些偏僻又危险的地方，比如锅炉房、仓库、热水房等。由于我们年龄小，很容易发生意外，因此，小朋友千万不要到这些危险的地方去玩耍呀！

不搞恶作剧

我们都爱玩爱闹，尤其是跟那么多同龄的小朋友在一起。可是，小朋友可不能在偏僻的地方搞恶作剧呀！不要故意把某个同学关在仓库，更不能把某个同学的头放到栅栏里，要知道，这些都是十分危险的！小朋友，你记住了吗？

不单独行动

在幼儿园，我们要听老师的指挥，不要独自行动。尤其是在上体育课时，千万不要偷偷地到别的地方去玩耍，这样很可能会受伤、走丢的！要是我们走丢了，爸爸妈妈和老师都会很担心的！

走到了偏僻的地方怎么办

小朋友，如果你没注意，走到了一个偏僻的、不认识的地方怎么办呢？先不要哭，你要大声喊"救命"，在原地等着老师。如果附近有宽阔的大路，你也可以朝着大路走。你要记住，千万不要走小路、乱跑哦！你要相信老师一定会找到你的。

想一想

小朋友，如果你在幼儿园走到一个陌生的地方，你会怎么办呢？跟爸爸妈妈讨论一下吧！

安全小口诀

小朋友，守纪律，
统一行动听指挥，
偏僻场所不逗留！

安全互动小测验

一、判断题

下列说法中哪些是对的？哪些是错的？请在对的括号内打"√"，错的括号内打"×"，并说出你的判断理由。

1. 废旧的教室很危险，小朋友不能在那里玩耍。（　　）

2. 不小心走到陌生的地方，小朋友要高声呼喊求救。（　）

3. 有同学要去偏僻的地方玩耍，我们应该劝他不要去。如果他不听，我们就去告诉老师。（　）

二、你知道幼儿园有哪些危险的地方吗？请试着画一画，写一写。

_____

_____

_____

🔥 家长教育小锦囊

说到做到，培养孩子的纪律意识、规则意识，可以预防孩子出现"掉队"行为，为孩子的人身安全提供保障。

安全互动小测验判断题答案：		
1. √	2. √	3. √

第三章

红灯停，绿灯行，遵守交规我最棒

"我是一只小黄鸭，安全本领大，不去危险地方，遵守交规人人夸……"小朋友，我的歌声好听吗？你知道是什么意思吗？接下来，我们就要学习交通安全知识了，你做好准备了吗？学习了交通安全知识，我们就不会在马路上嬉戏打闹、闯红灯了，我们要一起做遵守交通规则的好孩子哦！

常见的交通规则有哪些

红灯停，绿灯行

我们在过马路时一定要看好交通信号灯。小朋友要记住：红灯停，绿灯行，黄灯亮了等一等。只有对面的信号灯变为绿灯时，我们才可以过马路哟！

走人行横道

小朋友，你听说过"斑马线"吗？你知道人行横道是什么吗？其实，人行横道也就是我们常说的斑马线，你看这些黑白相间的条纹像不像斑马身上的花纹呢？小朋友，你在过马路时一定要遵守交通规则，记得走斑马线哦！

靠右走，不逆行

在中国，行人和车辆都是靠右行的。我们在走路时当然也要靠右侧行走啦！如果你偏要逆行，就很容易发生交通事故。靠右行走的才是好孩子！

不跨越隔离护栏

道路上的隔离护栏可以保障我们的安全，小朋友要谨记：跨越隔离护栏是十分危险的。

小朋友，你见过下图中的标志吗？你知道这个标志是什么意思吗？跟爸爸妈妈讨论一下吧！

安全小口诀　　红灯停，绿灯行，
隔离护栏不乱翻，
斑马线上有序行！

安全互动小测验

一、判断题

下列说法中哪些是对的？哪些是错的？请在对的括号内打"√"，错的括号内打"╳"，并说出你的判断理由。

1. 交通信号灯变成红色时，我们可以过马路。（　　）

2. 过马路时，我们要走人行横道。（　　）

3. 道路上的隔离护栏禁止翻越，翻越护栏是十分危险的。（　　）

二、你知道在马路上行走要遵守哪些交通规则吗？请试着画一画，写一写。

_____

_____

_____

🔥 家长教育小锦囊

以身作则，遵守交通规则，为孩子树立良好的榜样，是帮助孩子养成良好交通习惯的有效途径，是保障孩子安全的有力推手。

安全互动小测验判断题答案：
1. ✕　　　　2. ✓　　　　3. ✓

我不是"熊孩子"，不在马路上追逐打闹

安全意识早养成

不追逐，不打闹

马路上经常会有行人和车辆通过，追逐打闹不仅会影响别人，我们自己也很容易受伤。小朋友，我们要文明走路，不在马路上追逐打闹，做人人夸奖的乖小孩！你说对不对？

好好走路不并排

你是不是经常跟同学并排走路呢？我见过有些小朋友为了一边走路一边说话，就并排走路，有时候甚至把整条路都给占上了。其实，这样做是不对的，也是很危险的！小朋友，你以后在走路的时候一定要注意，千万不要这样做哦！看到其他的小朋友并排走路时，你要提醒他们哦！

不跟车赛跑

追车、跟车赛跑都是十分危险的。小朋友，你知道吗？司机在开车时，有些地方是看不到的，小朋友跟在车子旁边或后面跑，很容易发生车祸。所以，你一定要文明行走，遵守马路秩序，保障自己的安全哦！

小朋友，看到其他的小朋友追着车跑，你要怎么做呢？跟爸爸妈妈讨论一下吧！

安全小口诀　不追逐，不打闹，
认真行走不追车，
并排走路我不学！

🐾 安全互动小测验

一、判断题

下列说法中哪些是对的？哪些是错的？请在对的括号内打"√"，错的括号内打"×"，并说出你的判断理由。

1. 马路上车多人多，我们不能在马路上追逐打闹。（　　）

2. 并排走路很有趣，我们还可以跟小朋友面对面说话。（　　）

3. 跟在车子后面跑很危险，容易发生交通事故，小朋友不能这

样做。（　　）

二、你知道在马路上行走应该注意些什么吗？请试着画一画，写一写。

_____

_____

_____

🔥 家长教育小锦囊

　　陪孩子看交通安全视频，渗透交通安全意识，明令禁止孩子的错误行为，可以增强孩子对交通安全的认知，提高孩子对自身安全的认识。

安全互动小测验判断题答案：

1. √　　2. ✕　　3. √

我有自己的专座——儿童座椅

你真棒！能自己乖乖地坐在儿童座椅上。

我有自己的专座

放假的时候，爸爸经常会开车带着妈妈和我出去玩。我会乖乖地坐在自己的儿童安全座椅上，然后妈妈会给我系上安全带。我们一家人就高高兴兴地出发了！小朋友，你喜欢坐在自己的安全座椅上吗？这可是我们小孩子的宝座，大人是不能坐的呢！

我要系安全带

坐车系好安全带，爸爸妈妈就不用担心我们会受伤啦！小朋友，千万不要为了可以在车上玩就不系安全带哦！爸爸妈妈忘记的时候，你一定要提醒他们："我要系安全带！"你记住了吗？

我会乖乖坐车

在车上玩闹、乱动都是很危险的，小朋友坐车的时候一定要乖乖的哦！你会要求坐在副驾驶座上吗？你有没有非要坐在妈妈的怀里呢？如果没有，那你真的是一个乖巧的好孩子呢，请你一定要继续保持哦！如果你这样做过，那下次你要记得坐在自己的专座上，系上安全带哟！

想一想

小朋友，坐车的时候你会要求坐在妈妈怀里吗？跟爸爸妈妈讨论一下吧！

安全小口诀

安全带，要系牢，
儿童座椅我来坐，
乖乖坐车平安行！

安全互动小测验

一、判断题

下列说法中哪些是对的？哪些是错的？请在对的括号内打"√"，错的括号内打"×"，并说出你的判断理由。

1. 小朋友坐车时要坐在儿童安全座椅上，还要系上安全带。（　　）

2. 坐车时，小朋友要在自己的座位上坐好，不能乱动，以免发生危险。（　　）

3. 让妈妈抱着坐车是最安全的。（　　）

二、爸爸开车带你出去玩，坐车时你会注意什么呢？请试着画一画，写一写。

_____

_____

_____

购买儿童座椅时要认准国家认证，综合考虑孩子的年龄、身高、体重；在孩子试坐后，购买适合孩子的儿童安全座椅，才能真正为孩子提供一个安全、快乐的乘车环境。

安全互动小测验判断题答案：		
1. √	2. √	3. ✕

我还小，不能骑儿童自行车上路

安全意识早养成

我不骑车上路

我的自行车很漂亮，但是我不能在行车路上骑它，因为它只是我的玩具，不能作为交通工具。当然，我可以在公园里骑着它兜风。小朋友，你在骑车时也要注意哦！

我不跟小朋友比赛

每次在我骑车前，爸爸妈妈都会跟我说要小心，不要骑太快，更不能跟小朋友比赛。为了不让他们担心，我当然会乖乖地听话了！我是个聪明的乖孩子，我才不会让自己摔伤呢！

想一想

小朋友，如果有别的小朋友想跟你比赛，看谁骑得快，你会怎么做呢？跟爸爸妈妈讨论一下吧！

安全小口诀

小保镖，保安全，
不上路来不比赛，
安全骑车人人夸！

安全互动小测验

一、判断题

下列说法中哪些是对的？哪些是错的？请在对的括号内打"√"，错的括号内打"×"，并说出你的判断理由。

1. 儿童自行车的保护轮有平衡的作用，保护小朋友不摔倒。（　）

2. 小朋友可以在马路上骑儿童自行车。（　）

3. 小朋友可以在公园骑儿童自行车，但是不能比赛看谁骑得快，以免受伤。（　）

二、你知道骑儿童自行车时要注意什么吗? 请试着画一画，写一写。

_____

_____

家长教育小锦囊

选购适合孩子、质量有保证的儿童自行车，不超前购买大轮自行车，经常仔细检查自行车的各个部件是否运行正常，告诉孩子骑车的注意事项，可以降低孩子骑车的风险，在一定程度上保障孩子的安全。

安全互动小测验判断题答案：		
1. √	2. ×	3. √

我会文明乘坐公交车

上下车不拥挤

乘坐公交车时，我们要在站台排队等车，然后按照顺序上车；下车时，我们要等车停稳后才能动。小朋友，乘坐公交车时千万不要着急上下车哦！前门上车，后门下车，遵守乘车秩序才是好孩子！

不在公交车上吃东西

在公交车上吃东西是十分危险的哦！尤其是在吃糖葫芦等带有签子的食物时，小朋友有可能噎到，也可能被扎到。所以，千万不要因为一时的嘴馋而做出不好的行为呦！如果你真的特别想吃，那就先吃完再等下一辆车吧！

不把手伸出窗外

在公交车上，我们更要注意乘车安全。不要把手和头伸出窗外，不要在车内嬉戏打闹。如果你有座，就乖乖地坐在自己的座位上吧；如果你没有座，那就要老实地站着，扶着爸爸妈妈或者车内的扶手。

你会文明乘坐公交车吗

你知道在乘坐公交车时应该注意哪些行为吗？不乱扔垃圾，不大声喧哗，不把脚踩到座位上……这些都是最基本的文明乘车行为哦！小朋友，你做到了吗？你是一个文明的小乘客吗？

想一想

小朋友，如果你看到别的小朋友在公交车上吃棒棒糖，你会怎么做呢？跟爸爸妈妈讨论一下吧！

安全小口诀

乘公交，有秩序，
排队上车不拥挤，
文明乘车懂礼仪！

安全互动小测验

一、判断题

下列说法中哪些是对的？哪些是错的？请在对的括号内打"√"，错的括号内打"✕"，并说出你的判断理由。

1. 等公交车时要在站牌处排队，上车时不应该拥挤，要有序上车。（　　）

2. 在公交车上吃东西是很危险的，大人和小孩都不应该在车上

吃东西。（　　）

　　3. 为了跟同学打招呼，小朋友可以把胳膊伸出窗户。（　　）

　　二、妈妈带你出去玩，在乘坐公交车时你应该注意什么？请试着画一画，写一写。

_____

_____

_____

🔥 **家长教育小锦囊**

　　遵守乘车秩序，讲究乘车文明，及时制止孩子的不良行为，鼓励孩子做文明的小乘客，既有助于维护公共场所的秩序，又有助于保障孩子的人身安全。

安全互动小测验判断题答案：

1. √　　　2. √　　　3. ×

超载校车不安全，我不坐

幼儿园校车的特点

小朋友，你是坐校车去幼儿园吗？你知道校车都有哪些特点吗？校车的颜色是黄色的，校车有校车标志牌、专用校车标志灯和停车指示牌。看看你坐的校车，是不是也有这些特征呢？

校车为什么是黄色的呢

遇到下雨、有雾的天气，黄色的校车更容易识别，远处的人容易看到，从而能减少交通事故，让我们安全地到达幼儿园，安全地返回家中。现在，你知道我们的校车为什么是黄色的了吧！

什么样的校车属于超载呢

每辆校车的车门处都标有一个数字，这个数字表示的就是车内可以乘坐的人数。如果车内的人数超过这个数字，就说明超载了。明天你坐校车的时候数一下车上的人数吧！如果发现超载了，你一定要告诉爸爸妈妈或者老师哦！

超载的校车我不坐

校车超载时，如果遇到紧急情况要刹车，车子是很难很快就停下来的，十分危险。而且，长期超载的校车，它们的零件磨损也会加快，车子也就会越来越不安全。所以，如果碰到超载的校车，小朋友一定不要坐哦!

想一想

小朋友,你知道乘坐校车时需要注意什么吗? 跟爸爸妈妈讨论一下吧!

安全小口诀

坐校车,真方便,

超载校车我不坐,

安全到达幼儿园。

安全互动小测验

一、判断题

下列说法中哪些是对的? 哪些是错的? 请在对的括号内打"√",错的括号内打"×",并说出你的判断理由。

1. 黄色比较醒目,而且在一些特殊的天气条件下,黄色的穿透力更强,所以,幼儿园校车选用黄色更安全。 ( )

2. 小朋友的体重轻,即使校车多载了几个小朋友也没关系。 ( )

3. 超载的校车很不安全，即使迟到，小朋友也要坚决拒绝乘坐超载校车。（ ）

二、你坐校车去幼儿园吗？你知道校车都有哪些特点吗？请试着画一画，写一写。

_____

_____

_____

家长教育小锦囊

不抱侥幸心理，不拿孩子的生命做赌注，增强自身的安全意识，教导孩子乘坐校车的安全常识，有助于保障孩子的生命安全。

安全互动小测验判断题答案：

1. √   2. ×   3. √

停车场不是我的游乐场

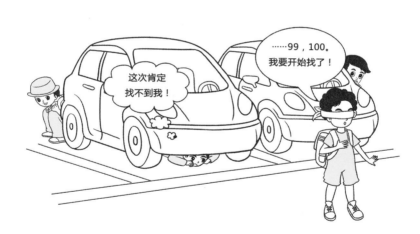

小鸭说安全

停车场的标志

你知道哪里是停车场吗？你要怎么判断停车场呢？停车场一般都有停车的标志牌。这个标志牌是蓝色的，上面印着一个大大的字母"P"，代表"Parking"，就是"停车"的意思；有些标志牌的字母下面还会画上一辆车。小朋友，你见过的停车标志牌是什么样的呢？

我不在停车场玩

停车场里来往的车辆很多，小朋友千万不要把停车场当作游乐场哦！不能在停车场踢足球、捉迷藏。在停车场内行走时，小朋友要紧跟父母，不要追逐打闹；经过出入口时，要先看看有没有车辆出进，没有车才能走。停车场是我们玩耍的禁区，你记住了吗？

远离汽车

停车场中停着的车随时都有可能移动。小朋友的个头小，如果在车屁股后面玩耍，司机看不到小朋友，很可能就直接撞上了。所以，看到有车子开过来，小朋友要主动避让哦！到远离汽车的空旷地方玩耍，爸爸妈妈就不用为我们担心了。

想一想

小朋友，除了地上停车场，你还知道有哪些停车场呢？跟爸爸妈妈讨论一下吧！

安全小口诀

停车场，危险大，
来往车辆要看清，
远离汽车不玩耍！

安全互动小测验

一、判断题

下列说法中哪些是对的？哪些是错的？请在对的括号内打"√"，错的括号内打"×"，并说出你的判断理由。

1. 看到一个蓝色的牌子，上面写着一个大大的字母"P"，下面画着一辆车，我们就可以判断这个地方是停车场。（　　）

2. 停车场不是游乐场，在停车场里做游戏是很危险的。（　　）

3. 小朋友可以在停车场里不动的车子后面玩耍。（　　）

二、你平时在停车场玩耍吗？你知道停车场里有哪些安全隐患吗？请试着画一画，写一写。

_____

_____

_____

🔥 **家长教育小锦囊**

在小区或者小区附近的公园为孩子规定一个特定的"游戏区"，让孩子远离停车场等危险区域，是避免人身意外伤害的有效方式。

安全互动小测验判断题答案：		
1. √	2. √	3. ×

路上发生交通事故怎么办

小鸭说安全

车辆撞击不乱动

如果你发生了交通事故，撞到了头部或者身体的其他部位，一定不要乱动，要待在原地，耐心地等待医护人员的救援。我知道小朋友肯定会很不舒服，很疼，但是如果乱动会更疼的！所以，小朋友一定要坚强、勇敢，在发生交通事故时要听大人的话，不要乱动身体哦！

车辆起火要逃出

有时候，两辆车相撞很可能会起火，在看到车子冒烟、着火时，我们一定要尽快从车子里逃出来，千万不要再找你的玩具、书包哦！要知道，生命安全是第一位的！车辆着火时，快快跟着妈妈下车吧！

及时求助路人

如果在发生交通事故时家长受伤了，你一时找不到交警，那你要求助路人哦！你要知道，我们的年龄小，有很多事情自己都做不了，遇到事情时请求帮助是很正常的。但求助完要记得道谢哦！

想一想

小朋友，你知道在发生交通事故时要拨打什么电话求助吗？跟爸爸妈妈讨论一下吧！

安全小口诀

遇车祸，不乱动，
车辆着火要逃出，
求助交警与路人！

安全互动小测验

一、判断题

下列说法中哪些是对的？哪些是错的？请在对的括号内打
"√"，错的括号内打"×"，并说出你的判断理由。

1. 车子把小朋友撞倒了，即使小朋友觉得疼，也不能乱动身
体，要等待医生的救助。（　）

2. 两辆车相撞，小朋友看到车子在冒烟，要赶快下车。（　）

3. 家长因交通事故受伤时，小朋友要及时地求助路人。（　）

二、在路上遇到交通事故时，你会怎么做呢？请试着画一画，
写一写。

_____

_____

_____

家长教育小锦囊

　　通过新闻报道讲解预防交通事故发生的方式，通过实战演练模拟发生交通事故的情景，给孩子渗透交通事故安全知识，可以增强孩子的安全自救意识与能力，预防交通事故后的二次伤害。

安全互动小测验判断题答案：		
1. ✓	2. ✓	3. ✓

第四章

妈妈别担心，我不跟陌生人走

　　小朋友，你知道什么样的人是陌生人吗？陌生人给你糖果，你会吃吗？陌生人说要带你去找妈妈，你会信吗？被陌生人跟踪，你会怎么办呢？……遇到这些事情时，小朋友先不要慌，接下来小黄鸭就和你一起来学习如何面对陌生人。

陌生人一定是坏人吗

什么样的人是陌生人呢

我们没有见过面的、不认识的人都属于陌生人。有些陌生人会假装是爸爸妈妈的朋友、同事或亲戚，你千万不要上当哦！

陌生人就是坏人吗

小朋友，你觉得陌生人就是坏人吗？其实，陌生人不全是坏人。但是由于我们还小，不能识别出哪些陌生人是好人，哪些陌生人是坏人。因此，我们要提防所有陌生人，不能吃陌生人给的糖果，不能跟陌生人走，更不能跟陌生人单独在一起。你知道了吗？

不告诉陌生人家庭住址

有些陌生人看到我们一个人在玩时，会跟我们说话，问我们的名字、家庭住址等。这时候，小朋友一定要小心，千万不要说哟！因为陌生人很可能会利用这些信息骗人！

可以对陌生人说谎

小朋友，我们不应该跟爸爸妈妈说谎，但是你要记住，你可以跟陌生人说谎。比如：陌生人问你"叫什么名字"，你可以撒谎说"没有名字"；陌生人说"给你糖吃"，你可以撒谎说"我有蛀牙，不能吃糖"。就算对陌生人说谎，你也是一个好孩子，知道吗？

小朋友，如果有陌生人对你说要去你家里坐一坐，休息一下，你会怎么做呢？跟爸爸妈妈讨论一下吧！

安全小口诀

陌生人，须提防，
家庭信息不泄露，
说谎也是好孩子！

安全互动小测验

一、判断题

下列说法中哪些是对的？哪些是错的？请在对的括号内打"√"，错的括号内打"✕"，并说出你的判断理由。

1. 陌生人就是坏人，所以，小朋友看到陌生人就要报警。（　　）

2. 陌生人问我的名字和年龄，我不告诉他。（　　）

3. 在小区门口遇到从来没有见过面的表哥，可以将表哥带到家中。（　　）

二、你独自在小区广场玩，有陌生人跟你搭讪，你会怎么做呢？请试着画一画，写一写。

_____

_____

_____

🔥 **家长教育小锦囊**

要让孩子对陌生人多一分警觉与戒心，但不要以偏概全，刻意夸大陌生人的恶，以免给孩子留下心理阴影，造成孩子的社交恐惧。

安全互动小测验判断题答案：		
1. ✕	2. ✓	3. ✕

陌生人说帮父母接我，我应该相信吗

陌生人会找哪些理由呢

为了骗取我们的信任,陌生人在接我们时会编一些理由,如:"你爸爸出车祸去医院了,他让我来接你。""我和你妈妈是同事,她让我来接你。""我是你表哥啊,跟我一起回你家吧!""我车上有只可爱的小猫,你要不要跟我去车上看啊?"无论陌生人说什么,小朋友都要保持警惕哦!不要随便相信陌生人的话,更不能跟着陌生人走。

要给爸爸妈妈打电话

如果有陌生人去幼儿园门口接你,你能直接跟他走吗?当然不能了!你一定要先把这件事情告诉老师,然后让老师给爸爸或者妈妈打电话确认一下。你记住了吗?

会向幼儿园老师或保安求助

陌生人要强拉你走怎么办呢?赶快告诉老师或者保安,他们会保护你的!如果看到陌生人要强行带走其他同学,你也要告诉老师或保安哦!我们要做聪明又警觉的小孩子,不上陌生人的当!

小朋友，你知道陌生人还会找哪些理由骗小孩子吗？跟爸爸妈妈讨论一下吧！

安全小口诀

陌生人，要接我，
电话确认排第一，
老师保安保护我！

安全互动小测验

一、判断题

下列说法中哪些是对的？哪些是错的？请在对的括号内打"√"，错的括号内打"✕"，并说出你的判断理由。

1. 有一个陌生的阿姨来幼儿园门口接我，她说她是妈妈的朋友，我可以跟她走。（　　）

2. 陌生人要接我回家，我应该先给妈妈打电话确认一下。（　　）

3. 在幼儿园门口看到陌生人在拉小朋友，我要把这件事告诉老师或者保安。（　　）

二、有陌生人去幼儿园门口接你，你会怎么办呢？请试着画一画，写一写。

_____

_____

_____

🔥 家长教育小锦囊

　　明确地告诉孩子："爸爸妈妈不会让陌生人去幼儿园接你，你不能跟陌生人走。"并在家中提前进行演练，让孩子知道陌生人有多种伪装，如伪装成爸爸妈妈的朋友或同事、警察等，经过多次演练，孩子的警惕性自然会提高。

安全互动小测验判断题答案：

1. ✕　　　2. ✓　　　3. ✓

我可以给不认识的叔叔带路吗

小朋友，你知道人民公园在哪吗？能带我去一趟吗？

小鸭说安全

陌生人会对你说谎

小朋友，千万不要轻易相信陌生人说的话哟！他是会对你说谎的。有些人会假装迷路，请我们帮忙带路；有些人会假装丢东西，让我们帮忙找。不管这些是不是真的，小朋友都不要跟着陌生人走哦！

我不给陌生人带路

小朋友，你要知道，大人可比小孩子厉害一百倍呢，他们是不会找小孩子帮忙的。如果有陌生的大人找你带路，你可不要做热心的"唐僧"哦！你要像孙悟空一样警觉起来，马上离开，千万不要给陌生人带路。你记住了吗？

找警察叔叔

如果你想帮助陌生人，那就让他自己去找警察叔叔吧！如果他真的找不到路，警察叔叔会帮助他；如果他是个坏人，是个骗子，他就不敢去了。小朋友，你一定要懂得保护自己哦！在人多的地方玩耍，千万不要擅自行动，做什么事之前都要先告诉爸爸妈妈一声，你知道了吗？

想一想

　　小朋友，如果有陌生人对你说他在附近的广场丢了东西，让你过去一起帮忙找，你会怎么做呢？跟爸爸妈妈讨论一下吧！

安全小口诀

陌生人，来问路，
小朋友要快离开，
大步跑走找警察！

安全互动小测验

一、判断题

　　下列说法中哪些是对的？哪些是错的？请在对的括号内打"√"，错的括号内打"✕"，并说出你的判断理由。

　　1. 有陌生人让我带他去附近的广场，我看他不像坏人，就可以带他过去。（　　）

2. 陌生人向我问路，我让他去找前面路口的警察。（　　）

3. 陌生人纠缠我时，我要大声呼喊，引起周围路人的注意。（　　）

二、如果有陌生人让你带路去一个地方，你会怎么做呢？请试着画一画，写一写。

_____

_____

_____

家长教育小锦囊

让孩子在自己的视线范围内玩耍，与孩子约定离开规定区域时要征求爸爸妈妈的同意，不拿警察威胁、吓唬孩子，让孩子懂得求助警察，可以在客观上降低孩子被陌生人拐走的可能性。

安全互动小测验判断题答案：		
1. ✕	2. √	3. √

我不要陌生人给的糖果和玩具

安全意识早养成

陌生人的陷阱有哪些

陌生人会找各种各样的借口来诱惑我们，小朋友，你千万不要掉进陌生人的陷阱哦！他们经常会用糖果陷阱、礼物陷阱、金钱陷阱和娱乐陷阱欺骗我们。小朋友，如果陌生人要给你糖果、礼物和钱，要带你去好玩的地方，你是不是会跟着他走呢？遇到这些情况你知道要怎么办吗？

坚决地拒绝陌生人的要求

小朋友，陌生人要给你糖果吃，给你饮料喝时，不管你多么想吃、想喝，你都要忍住。你要坚决地对陌生人说："我不要！"

陌生人要给你玩具玩时，不管你多么想玩，你都要坚决地对陌生人说："我不玩！"

陌生人说给你钱，带你买想买的东西时，你也要坚决地对陌生人说："我不买！我不去！"

陌生人要带你去好玩的地方时，不管你多么想去，你都要大声地对他说："我不去！"

如果你吃了陌生人的东西，跟着陌生人走了，你就很可能再也见不到爸爸妈妈了。小朋友，你一定要拒绝陌生人的要求，你知道了吗?

向身边的大人求助

如果你拒绝了陌生人的要求,他还是让你吃东西,要带你走,那你就朝着人多的地方跑,一边跑一边大声地喊"救命",告诉别人你不认识他。大人听到你的呼喊就会来帮助你了,他们会把坏人抓起来的。小朋友,你一定要记得求救哦!一定要大声地喊"救命",记住了吗?

想一想

小朋友,你知道陌生人还有哪些陷阱吗?跟爸爸妈妈讨论一下吧!

安全小口诀

陌生人,有陷阱,
糖果玩具我不要,
大声呼喊要求救!

一、判断题

下列说法中哪些是对的？哪些是错的？请在对的括号内打
"√"，错的括号内打"×"，并说出你的判断理由。

1. 陌生人会拿糖果和玩具骗我们，所以我们不能要陌生人的
东西。（　）

2. 小美阿姨来我家里做客，我可以吃小美阿姨给我买的糖
果。（　）

3. 有陌生人说要带我去好玩的地方，我可以跟着陌生人
过去。（　）

二、有陌生人给你糖果吃，你会怎么办呢？请试着画一画，写
一写。

_____

_____

_____

_____

适当满足孩子的合理需求（不要无条件地满足孩子的需求），给孩子制定严格的规则，教会孩子抵制诱惑，不吃陌生人的东西，不要陌生人的礼物，可以帮助孩子拉起安全警戒线，使其免受陌生人的伤害。

安全互动小测验判断题答案：

1. √   2. √   3. ✕

有陌生人跟踪我，我能怎么办

113

往人多的地方走

如果走路时觉得有人跟踪你，你会怎么办呢？小朋友先不要慌，记住往人多的地方跑，在人多的地方，坏人是不敢做坏事的。即使你实在很害怕，也不能只顾着哭，而要跑到人多的地方喊"有陌生人跟踪我"，这样就会有好心人来帮助你了，陌生人也就不敢再跟踪你了。

找警察

小朋友们要牢记"遇到事情找警察"。被陌生人跟踪时，你要看看周围有没有警察，或者找一找附近的公安局、派出所、警车。看到了这些标志，你就朝着这些标志跑吧！警察会帮助你的！

找穿制服的工作人员

如果附近没有警察，也可以求助穿制服的工作人员。小朋友可以找超市、商场统一着装的店员与保安，然后让他们带着去找警察叔叔，这样我们就可以安全地回到家中了。

想一想

小朋友，你知道被陌生人跟踪时还可以求助哪些人吗？跟爸爸妈妈讨论一下吧!

安全小口诀

被跟踪，不害怕，
跑到人多热闹处，
求助警察与保安!

🐼 安全互动小测验

一、判断题

下列说法中哪些是对的？哪些是错的？请在对的括号内打
"√"，错的括号内打"✕"，并说出你的判断理由。

1. 发现有陌生人跟着我，我要跑到人少的地方，远离陌生
人。（　　）

2. 被陌生人跟踪时，我要找警察求助。（　　）

3. 在商场发现有人跟踪我时，如果附近没有警察，我也可以向
商场的工作人员求助。（　　）

二、你自己出去玩，发现有陌生人跟踪你，你会怎么办呢？请试着画一画，写一写。

_____

_____

_____

🔥 **家长教育小锦囊**

教导孩子不走僻静人少的小路，不要一个人在外活动，在外游玩时不要擅自离开爸爸妈妈，可以降低孩子被陌生人跟踪的可能性，避免孩子被不法分子拐走。

安全互动小测验判断题答案：		
1. ✗	2. ✓	3. ✓

被陌生人拐骗，我要怎么做

🚌 安全意识早养成

我记得妈妈的联系方式

在我过3岁生日的那一天，妈妈就开始让我记住爸爸妈妈的姓名、电话号码和我家的住址。每天，妈妈都会让我跟着她说一遍。跟着妈妈说了15天，我终于把这些东西都记全了。妈妈说，这样我碰到坏人的时候就可以把这些信息告诉给警察叔叔，他们就会把我送回家了。

小朋友，我告诉你一个秘密哦！我听爸爸说，在我很小的时候，妈妈总是给我买带口袋的衣服，你知道这是为什么吗？是因为这样妈妈就可以把写着他们联系方式的纸条放到我的衣服口袋里了。

看到警察大声求救

妈妈说，有些陌生人会骗小孩子，把我们带到很远很远的地方。小朋友，如果有陌生人拐骗你，你要看看附近有没有警察，看到警察一定要大声地求救哦！我相信，你肯定是一个机智的小鬼头！

找借口去人多的地方

如果被陌生人抓住了，你会怎么办呢？小朋友，先不要急着哭哦！也不要打这些坏人，不然他们会打你的！你要找一些借口，比如"我饿了，要去吃汉堡""我肚子疼，要去看医生"等，让他们带你去人多的地方，到了人多的地方，你就可以向大人求助了。

想一想

小朋友，你知道被拐骗后还能做些什么吗？跟爸爸妈妈讨论一下吧！

安全小口诀

被拐骗，要冷静，
牢记信息找警察，
机智应对陌生人！

安全互动小测验

一、判断题

下列说法中哪些是对的？哪些是错的？请在对的括号内打"√"，错的括号内打"✕"，并说出你的判断理由。

1. 我们要记住爸爸妈妈的电话号码，这样警察叔叔就会把我们安全地送到爸爸妈妈身边。（　　）

2. 被陌生人抓住时我很害怕，所以我不能喊"救命"。（　　）

3. 在被绑架后，我要找借口去人多的场合，找机会向大人求救。（　　）

二、你知道爸爸妈妈的电话号码吗？你知道被陌生人抓住后应该怎么做吗？请试着画一画，写一写。

_____

_____

_____

家长教育小锦囊

让孩子牢记家长的联系方式与家庭住址，平时渗透安全自救的常识，可以让孩子在面对陌生人时不慌张，机智地寻求他人的帮助，脱离危险。

安全互动小测验判断题答案：		
1. √	2. ×	3. √

第五章
妈妈，我会保护好自己的身体

　　小朋友，你有多少个叔叔、阿姨呢？他们喜欢抱你、亲你吗？其中你最喜欢谁，最不喜欢谁？为什么呢？我最喜欢小美阿姨了，她的身上有一股香香的味道；我不喜欢小志叔叔，他的嘴里总有一股烟味，亲我时还总是用胡子扎我，扎得我很疼。小朋友，如果你遇到这些情况，你会怎么办呢？在遇到特殊情况时，你会保护好自己的身体吗？

坏人是不是长得很难看呢

🚌 安全意识早养成

这个阿姨很亲切，应该不是坏人。

小鸭说安全

长得好看的也可能是坏人

小朋友，你会分辨好人与坏人吗？你是不是觉得长得好看的就是好人，长得难看的就是坏人？这种想法可是不对的哦！你要记住，我们是不能从外表看出一个人的好坏的，难看的人也许并不坏，好看的人也有可能是坏人。所以，小朋友不要以貌取人喽！

熟悉的人也可能是坏人

陌生人不全是坏人，我们认识的、熟悉的人也不全是好人。所以，如果有熟悉的人对你做了坏事，你一定要告诉妈妈哦！千万不要给坏人保守秘密，知道了吗？

坏人会伪装成好人

小朋友，你要记住，坏人可不会说自己是坏人的，他们反而会伪装成好人，让我们觉得他们不是坏人。所以，如果有人在你一个人玩耍时去接近你，跟你说话，给你好吃的、好玩的，那你可就要小心了！千万不要上这些坏人的当哦！

想一想

小朋友，如果你跟妈妈在一起，有叔叔给你糖果吃，你会怎么

123

做呢？跟爸爸妈妈讨论一下吧！

安全小口诀

小朋友，擦亮眼，

坏人伪装不上当，

坏人搭讪找妈妈！

安全互动小测验

一、判断题

下列说法中哪些是对的？哪些是错的？请在对的括号内打"√"，错的括号内打"×"，并说出你的判断理由。

1. 坏人都长得很难看，长得好看的人不是坏人。（　　）

2. 只有我们不认识的人才可能是坏人，我们熟悉的人不会是坏人。（　　）

3. 坏人会装成好人接近我们，所以，一个人玩耍时一定要小心，不上坏人的当。（　　）

二、你一个人在小区楼下玩耍时，小区的保安让你去他家看动画片，你会怎么做？请试着画一画，写一写。

_____

_____

_____

🏛 **家长教育小锦囊**

教孩子树立自己的底线，不随便接受别人的善意；教孩子不要以貌取人，不因为他人看起来很好就放松戒备；教孩子信赖父母，不给坏人保守秘密。这样可以让孩子提高戒备，使其免受坏人的欺骗。

安全互动小测验判断题答案：

1. ✕　　　2. ✕　　　3. ✓

叔叔嘴里有烟味，我不喜欢被叔叔亲

我会把我的感觉告诉妈妈

小朋友，你喜欢被叔叔阿姨亲亲、抱抱吗？被亲亲、抱抱时，你有什么感觉呢？是幸福、快乐，还是不安、不舒服呢？如果你觉得不舒服，一定要跟你的妈妈说哟！要相信，妈妈一定会帮助你的。

我会拒绝大人的要求

如果叔叔亲你时你不喜欢，感觉不舒服，你会怎么办呢？不要害怕，勇敢地学会拒绝吧。要知道，我们是自己身体的主人，我们有说"不"的权利。如果下次你碰到这样的事情，就大声地说"不"吧，告诉他们你不喜欢这样，千万不要委屈了自己哦！

我不是个坏孩子

有没有人说过你不听话，是个坏孩子？你听到这话是不是很伤心呢？小朋友，如果有人这么对你说，那你千万不要往心里去哦！他们是在故意威胁你呢，你可不要上当！你要相信，自己是个乖孩子、好孩子！下次，如果有阿姨对你说："亲亲阿姨，不然阿姨就不喜欢你了。"你可以跟阿姨说："我不亲你，但我是一个好孩子！"

✂ **想一想**

小朋友，你被人亲亲、抱抱时有没有觉得不舒服？跟爸爸妈妈讨论一下吧！

安全小口诀

> 小朋友，会说不，
> 亲亲抱抱我不要，
> 我是妈妈的乖宝宝！

安全互动小测验

一、判断题

下列说法中哪些是对的？哪些是错的？请在对的括号内打"√"，错的括号内打"✕"，并说出你的判断理由。

1. 我不喜欢被阿姨亲，我可以把这件事告诉妈妈。（   ）

2. 叔叔抱我时总是很用力，我感到不舒服。但是我不能拒绝，

因为拒绝是不礼貌的。（   ）

3. 舅舅说如果我不亲他，他就不喜欢我了。我不想让他不高兴，所以我要亲舅舅。（   ）

二、如果有个满脸胡子的叔叔要亲你，你会怎么做呢？请试着画一画，写一写。

_____

_____

_____

家长教育小锦囊

家长要相信孩子的感觉，尊重孩子的意愿；鼓励孩子说出他们身体的感觉；不强迫孩子做他们不喜欢的身体接触，让孩子懂得拒绝。这些都可以加强孩子的自我防范意识，使其在快乐、安全的环境中成长。

安全互动小测验判断题答案：
1. √   2. ×   3. ×

隐私部位是禁区，我不让别人碰

🚌 安全意识早养成

哪些部位属于隐私部位

小朋友，你知道身体的哪些部位属于隐私部位吗？我们游泳的时候会把其他的衣服都脱掉，只穿着泳衣、泳裤，你知道这是为什么吗？其实，被泳衣、泳裤遮盖起来的地方就是我们的隐私部位，这些部位是不能让别人看，也不能让别人摸的。妈妈说，隐私部位是禁区，如果有人要摸，就会触发红色警报。小朋友，我们一定要保护好自己的隐私部位哦！

隐私部位不能摸

爸爸妈妈在给我们洗澡、换衣服的时候可以看我们的隐私部位，医生在给我们检查身体的时候也可以看我们的隐私部位。可是，小朋友，你知道吗？在其他时候，隐私部位是绝对不能让别人摸的，即使是非常熟悉的人也不行！

如果有人要触碰你的隐私部位，你要大声喊出来："不许碰我！"然后快速地跑开，并把这件事告诉爸爸妈妈。爸爸或妈妈要给你洗澡时，你也可以告诉他们："我要自己洗隐私部位。"你这样说爸爸妈妈不仅不会生气，还会因为你聪明而感到高兴呢！

天气再热，也要把隐私部位遮住

小朋友，你在家里会脱光衣服玩耍吗？如果你有这样的习惯，那就从现在开始改正吧，因为这些都是不好的行为哦！即使夏天家里比较热，我们也要穿衣服把隐私部位遮住哦！小朋友，你知道了吗？

别人的隐私部位我不看

看别人的隐私部位是不礼貌的行为，所以小朋友一定不要这样做哦！要记住，别人的隐私部位，我们不能看，也不要摸！

✂ **想一想**

小朋友，下图中发生了什么事情呢？遇到这样的事你会怎么做呢？跟爸爸妈妈讨论一下吧！

安全小口诀

露屁股，羞羞羞，
隐私部位不能碰，
勇敢说"不"快走开！

🐾 安全互动小测验

一、判断题

下列说法中哪些是对的？哪些是错的？请在对的括号内打"✓"，错的括号内打"✗"，并说出你的判断理由。

1. 小胸脯、屁股和撒尿的地方都是女孩子的隐私部位，是不能让别人碰的。（　　）

2. 妈妈带我去医院看病，妈妈在旁边时，我可以让医生叔叔看我的隐私部位。（　　）

3. 夏天天气很热，我要脱光衣服在客厅玩耍。（　　）

二、你知道自己的隐私部位有哪些吗？请试着画一画，写一写。

_____

_____

_____

家长教育小锦囊

　　不避讳跟孩子谈性知识，不拿孩子的隐私部位开玩笑，尊重孩子的身体隐私，可以让孩子懂得保护自己的隐私部位，杜绝他人的恶意接触，帮助孩子远离伤害。

安全互动小测验判断题答案：		
1. √	2. √	3. ×

我要怎么分辨是不是好的接触呢

好的接触

在平时的生活中，我们会亲吻、拥抱爸爸妈妈，这是我们表达爱意的方式，这样的身体接触是好的接触。有的叔叔阿姨也会亲我们、抱我们，如果他们这样做让我们感觉到幸福，没有不愿意、不舒服，那就是好的接触。

不好的接触

如果大人在接触我们时，用手或者身体的其他部位或者其他的东西来碰我们的隐私部位，就属于不好的接触。还有的大人会让我们脱掉身上的衣服，观看、抚摸我们的隐私部位，这也是不好的接触。小朋友一定要加以注意哟！

遇到不好的接触怎么办

如果有人正在对你做不好的接触，你要想办法离开这个人，回到爸爸妈妈的身边，并把这件事情告诉爸爸妈妈。小朋友，你没有做错事，不要因为坏人的话而感到难过，也不要担心爸爸妈妈会因为这件事而不爱你了。要知道，我们永远都是爸爸妈妈的乖宝宝！

小朋友，如果叔叔让你摸他的隐私部位，还对你说不要告诉爸爸妈妈，你会怎么办呢？跟爸爸妈妈讨论一下吧！

安全小口诀

小朋友，要明白，
接触要分好与坏，
坏的接触要离开！

安全互动小测验

一、判断题

下列说法中哪些是对的？哪些是错的？请在对的括号内打"√"，错的括号内打"✕"，并说出你的判断理由。

1. 我们可以亲爸爸妈妈、叔叔阿姨，表达我们的喜欢。（　　）

2. 叔叔是我的朋友，可以摸我的屁股。（　　）

3. 叔叔对我做不好的接触，我因为害怕被批评而不敢告诉妈妈。（　）

二、你知道哪些是好的接触，哪些是不好的接触吗？请试着画一画，写一写。

_____

_____

_____

安全互动小测验判断题答案：

1. √　　　2. ✕　　　3. ✕

我不要跟隔壁的叔叔玩游戏

安全意识早养成

叔叔的新游戏

小朋友，如果有叔叔说要跟你玩一个新游戏，你是不是会很好奇呢？是不是很想跟叔叔一起玩呢？那如果叔叔要跟你玩的是脱衣服的游戏，你会怎么办呢？如果叔叔想要摸你的身体怎么办呢？为了不让自己受到伤害，小朋友一定要抵挡住新游戏的诱惑哦！

我不单独行动

小朋友要记住，单独行动是非常危险的，很多坏人专门找单独行动的小孩子。如果坏人看到爸爸妈妈在旁边，他们就会害怕。所以，小朋友在玩耍时一定不要离爸爸妈妈太远哦！如果有人想要让你跟他走，你一定要先问爸爸妈妈的意见哦！

我不能单独跟哪些人在一起呢

如果爸爸妈妈不知情，你知道自己不能跟哪些人单独在一起吗？下面我们就来看一看吧：大哥哥、叔叔、邻居阿姨、爸爸妈妈的同事、老爷爷。这些人对我们来说都有可能是危险的，小朋友，你记住了吗？

经历了不舒服的事情怎么办呢

如果你有了不舒服的经历，比如，有人把手伸到了你的隐私部位，有人强行摸你的小屁屁，让你做不喜欢做的事情，那你一定要把这件事告诉爸爸妈妈哦！你要相信，爸爸妈妈是超人，他们会一直保护你的！

✂️ **想一想**

小朋友，如果爸爸妈妈不在身边，你不能跟哪些人单独在一起呢？跟爸爸妈妈讨论一下吧！

安全小口诀

新游戏，我不玩，
爸爸妈妈身边玩，
单独行动很危险！

安全互动小测验

一、判断题

下列说法中哪些是对的？哪些是错的？请在对的括号内打
"√"，错的括号内打"✕"，并说出你的判断理由。

1. 有些大人让我们跟他们一起玩，如果爸爸妈妈在旁边，就可

以跟他们一起玩。（ ）

2. 坏人不害怕小朋友，但是会害怕爸爸妈妈。所以，小朋友应该在爸爸妈妈旁边玩耍，不能单独去其他地方。（ ）

3. 邻居阿姨经常送我糖果吃，所以我可以跟阿姨单独在一起。（ ）

二、有些大人会对我们做坏事，小朋友，你知道大人都会找哪些借口让我们跟他们单独相处吗？请试着画一画，写一写。

_____

_____

_____

家长教育小锦囊

让孩子知道熟人也可能是坏人，也可能伤害自己；教育孩子在做事之前先告诉父母，不单独行动，不受他人的诱惑。增强孩子的自我保护意识，才能尽可能地避免孩子受到侵犯。无论是男孩还是女孩，家长都应该高度关注对孩子性教育方面的安全意识培养。

安全互动小测验判断题答案：		
1. ✓	2. ✓	3. ✗

我乖乖听话，老师就不会再打我了吧

你喜欢你的老师吗

你的幼儿园老师长什么样子呢？他（她）对你好吗？你喜欢他（她）吗？我的老师很温柔，她的衣服又干净又漂亮。有一次，我的鞋带开了，老师就走到我身边，给我系上了鞋带。小伙伴们都说我的老师是世界上最好的老师。小朋友，你的老师是什么样的呢？

老师不好的行为

爸爸妈妈有没有跟你说过要你听老师的话呢？有吧！我的爸爸妈妈也这样告诉过我。但是，爸爸妈妈也说，如果老师做出了不好的行为，我不能替老师隐瞒。你知道不好的行为有哪些吗？老师打你屁股、揪你耳朵、用针扎你、喂你难吃的东西、骂你……这些都是不好的行为哟！

老师对你不好，你会怎么做呢

如果老师对你不好，让你受伤、难受，那你一定要告诉爸爸妈妈哦！因为老师也是会犯错的呀！如果你不告诉爸爸妈妈，老师就没有办法改正错误了，就会一直错下去。小朋友，如果老师对你不好，你知道要怎么做了吗？

小朋友，如果老师经常打你的后背，让你很疼，你会怎么做呢？跟爸爸妈妈讨论一下吧！

安全小口诀

小朋友，须牢记，
不好行为要警惕，
老师犯错告家长！

安全互动小测验

一、判断题

下列说法中哪些是对的？哪些是错的？请在对的括号内打"√"，错的括号内打"×"，并说出你的判断理由。

1. 我唱完歌时，老师轻轻摸我的头表扬我，这是好的行为。（　　）

2. 我在课堂上说话，老师用尺子打我的手。老师这样做是对

的。（　）

3. 我不听老师的话时，老师就不让其他同学跟我一起玩。老师这样做是不对的，我要把这件事告诉爸爸妈妈。（　）

二、在幼儿园，老师是怎样对你的呢？其中哪些是好的行为，哪些是不好的行为呢？请试着画一画，写一写。

_____

_____

_____

安全互动小测验判断题答案：
1. √　　2. ✕　　3. √

第六章
危急时刻我有招，我是安全小能手

　　小朋友，我们的安全知识学习很快就要结束了，你已经掌握了哪些安全知识呢？接下来，我们就要进行最后一章的学习了：你知道走丢了怎么找到妈妈吗？你知道被困在电梯里该怎么做吗？你知道房间着火了怎么逃出去吗？你知道发生地震时怎么保护自己吗？下面，我们就一起来学习在危急时刻的应对方法吧。小朋友，你准备好了吗？

我走丢了怎么找到妈妈呢

认识显眼的标志

道路两旁、商场里都有很多显眼的标志，小朋友，你注意过吗？在跟妈妈一起走时，你要多留心记住一些大的标志哦！我们还可以提前跟妈妈约定，走散了就在某个大的标志旁会合。这样我们就能找到妈妈了，你说对不对？

求助附近的工作人员

如果你是在马路上跟妈妈走散了，要先找警察，如果附近没有警察，就找店里的老板或者工作人员；如果你是在商场或者超市里跟妈妈走散了，那就先求助工作人员，工作人员会通过广播让妈妈来找你的。千万不要只顾着哭哦！小朋友，你记住了吗？

不随便告诉陌生人

发现跟妈妈走散了，你知道应该怎么办了吗？小朋友一定要冷静，千万要注意，不要随便告诉陌生人你找不到妈妈了，也不要吃陌生人给的零食，有陌生人说要带你去找妈妈，你不能随便跟他们走。

✂ 想一想

小朋友，如果你跟妈妈在商场里走散了，有陌生人说带你去找妈妈，你会怎么办呢？跟爸爸妈妈讨论一下吧！

安全互动小测验

一、判断题

下列说法中哪些是对的？哪些是错的？请在对的括号内打"√"，错的括号内打"✕"，并说出你的判断理由。

1. 我在马路上找不到妈妈了，不能一直哭，要找警察。（　　）

2. 在商场里，我跟妈妈走散了，我要请求工作人员的帮助，耐心地等待妈妈。（　　）

3. 有陌生人说要带我去找妈妈，我可以跟这个人走。（　　）

二、你知道跟妈妈走散了要怎么找到妈妈吗？请试着画一画，写一写。

_____

_____

_____

给孩子打好"预防针",告诉孩子跟妈妈走散后的具体做法,并与孩子演练走丢后的情景。将安全自护意识渗透到孩子的思想与行动中,才能增强孩子的自我保护能力,减少各种意外事件对孩子的身心伤害。

安全互动小测验判断题答案:		
1. √	2. √	3. ×

看到有人落水，我该怎么救人

安全意识早养成

大声喊"救命"

看到有小朋友落水了，你会怎么办呢？千万不要因为救人心切就直接跳下水哦！小朋友，你要知道，你的力量很小，要救出落水的小朋友是很困难的。我们应该大声地喊"救命"，引起路人的注意。有大人过来，小朋友很快就会被救上来的！

抛出容易漂浮的物品

如果你看到岸边有竹竿、游泳圈这些东西，可以把这些东西抛给落水的人，让落水的人抓住这些东西，多在水面上漂浮一段时间，等待大人的救助。

找附近的大人

如果周围没有过路的行人，小朋友可以跑到稍微远一些的地方找大人帮忙。千万不要吓得什么都不做，只是呆呆地看着落水的小朋友哦！你要知道，及时向大人求助是很重要的。

我不跳下水

小朋友，不管情况多么紧急，你都不要跳下水哦！见义勇为是一个好品质，但是对我们这些小朋友来说，我们还太小，这样做太危险了。等我们长大了，才可以下水救人。

想一想

小朋友，如果你自己不小心落水了，你会怎么求救呢？跟爸爸妈妈讨论一下吧！

安全小口诀

有人落水喊救命，
附近大人来帮忙，
小孩不要跳下水！

安全互动小测验

一、判断题

下列说法中哪些是对的？哪些是错的？请在对的括号内打"√"，错的括号内打"×"，并说出你的判断理由。

1. 看到有人落水，我们要喊"救命"，让大人来帮忙，小朋友是不能跳下水的。（ ）

2. 我在岸边看到游泳圈，可以递给落水的人，这样落水的人就

154

不会沉下去了。（　）

3. 小朋友的年龄小，看到别人落水时什么都做不了。（　）

二、看到有人落水，你会怎么做呢？请试着画一画，写一写。

_____

_____

_____

安全互动小测验判断题答案：

1. √	2. √	3. ×

被困在电梯里，我该怎么办

文明乘坐电梯

小朋友，你知道乘坐电梯的注意事项吗？你会文明乘坐电梯吗？在搭乘电梯时，我们要懂得礼让，要让电梯里的人先出来，然后我们再进去；如果乘电梯的人很多，我们就要等下一趟，要知道，电梯超载可是很危险的哟！我们不能扒电梯门，也不能在电梯里打闹，就算你是个淘气的孩子，在电梯里也要老老实实的哟！

电梯按钮有哪些

小朋友，你认识电梯上的按钮吗？你知道电梯上都有哪些按钮吗？你来看看我说的对不对：数字按钮代表楼层数，按哪个数字就会停在哪个楼层，比如我按了"15"，那在15层就会停一下；有一个像钟的按钮是警铃按钮，出现紧急情况时，我们按警铃按钮，很快就会有人来帮助我们的；电梯里还有开关按钮，是控制电梯门的开关的。小朋友，你知道还有哪些电梯按钮吗？

电梯突然停住怎么办

如果你在乘坐电梯时，电梯突然停住了，你会怎么办呢？小朋友先不要慌，可以试着按开门按钮，尽快从电梯里出来。如果开门按钮不管用，就按电梯中的警铃，向电梯管理员求助。你记住了吗？

电梯坠落怎么办

电梯突然开始坠落，我们要迅速地按下所有楼层的按钮，并按警铃求助。在等待的过程中，小朋友一定要注意站立的姿势哦！

如果电梯中有扶手，我们的双手要紧握住扶手，头部和背部要紧贴电梯内墙，双腿弯曲，踮起脚跟；如果电梯中没有扶手，我们的头部和背部也要紧贴着电梯内墙，双腿弯曲，踮起脚跟，双手要抱头以护住脖颈。小朋友，我们一起来做一下这个姿势吧！

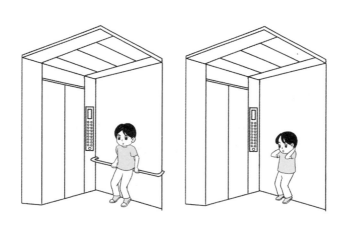

想一想

小朋友，你知道电梯中的这些标志是什么意思吗？跟爸爸妈妈讨论一下吧！

安全小口诀	乘电梯，讲文明， 不吵闹来不扒门， 电梯故障按警铃！

安全互动小测验

一、判断题

下列说法中哪些是对的？哪些是错的？请在对的括号内打"√"，错的括号内打"✕"，并说出你的判断理由。

1. 如果电梯里没有其他人，我就可以在电梯里大声说话、踢球。（ ）

2. 平时我们不能按电梯的所有楼层按钮，可是电梯出现故障时可以。（ ）

3. 电梯坠落时，我们要迅速地按警铃按钮，然后耐心地等待电梯管理员的救援。（ ）

二、你知道哪些电梯按钮呢？这些按钮都是什么样的，有什么作用呢？请试着画一画，写一写。

_____

_____

_____

家长教育小锦囊

平时带孩子乘电梯时，对孩子进行即时教育，让孩子了解电梯的各个按钮及其用途，熟记电梯出现故障时的应对方式。未雨绸缪的教育方式会让孩子用一颗沉着冷静的心去应对突发状况，减少突发事件对孩子身心的不利影响，让孩子得以安全、快乐地成长。

安全互动小测验判断题答案：		
1. ✕	2. ✓	3. ✓

燃气泄漏怎么办

161

开窗通风

小朋友，你知道燃气泄漏的时候要怎么办吗？开窗通风是最重要的哟！如果你的个子很矮、力气太小，开不了窗户，那就赶快离开这个地方，找大人来帮忙吧！你要知道，现在这个地方可是十分危险的呢！

不打开任何电器

燃气泄漏后会充满整个屋子，小朋友这时候千万不要打开任何电器哟！不然电火花一接触燃气，很可能就会引起火灾的！不要开灯，不要看电视，不要打电话，不要打开油烟机或排风扇……小朋友，燃气泄漏时不要打开任何电器，你记住了吗？

走到别处打电话

走出这个屋子，你就可以使用手机打电话了。赶快联系爸爸妈妈或者拨打报警电话119、110吧。小朋友要记住，千万不要一个人回到屋子里哟！我们首先要保护好自己，然后才能做其他的事情啊！

想一想

小朋友，你知道燃气泄漏时不能开关哪些家用电器吗？跟爸爸妈妈讨论一下吧!

安全小口诀

燃气泄漏不要慌,
开窗通风最应当,
不碰电器快逃跑!

安全互动小测验

一、判断题

下列说法中哪些是对的?哪些是错的?请在对的括号内打
"√",错的括号内打"×",并说出你的判断理由。

1. 发现燃气泄漏时,小朋友要先开窗通风。(   )

2. 爸爸妈妈不在家,发现燃气泄漏时,小朋友要先给爸爸妈妈
打电话。(   )

3. 小朋友发现燃气泄漏后,不能停留在原来的屋子里,要赶快
走到外面。(   )

二、爸爸妈妈去楼下买菜,你一个人在家时,闻到厨房里有燃
气味,你会怎么做呢?请试着画一画,写一写。

_____

_____

_____

家长教育小锦囊

不要觉得孩子还小，整天都跟大人在一起，于是疏忽了对孩子进行安全教育，其实很多意外事故的发生只是一瞬间。教给孩子燃气泄漏的常识，让孩子懂得自我保护，可以让孩子的生命安全多一重保障。

安全互动小测验判断题答案：		
1. √	2. ✕	3. √

房子着火了，我该怎么跑出去

🚌 安全意识早养成

房子着火了，快打119

看到房子着火了，你是不是会很慌张呢？小朋友要冷静，赶快拨打119求救吧。你知道打通电话后要说些什么吗？千万不要只说"这里着火了，火很大"，你要告诉对方详细的地址，比如哪条路、哪条街、哪栋楼，这样，消防员才能快速地找到你啊！

小火扑灭，大火快跑

如果火势很小，那你就想办法灭掉它吧！如果火势很大，那你不要犹豫，赶快逃跑吧，千万不要吓得躲在屋子里不走哦！如果你不逃跑，就算火没有烧到你身上，你也会被烟呛坏的！

了解正确的火灾逃生方法

小朋友，你知道发生火灾后要怎么逃出去吗？千万不要觉得这个问题很简单哦，这里面可有大学问呢！不信我来考考你：你知道安全出口在哪里吗？你知道逃生的时候应该乘电梯还是走楼梯吗？你知道应该用干毛巾还是湿毛巾捂住口鼻吗？如果你不确定的话，就赶快去问问爸爸妈妈吧！

衣服着火了怎么办

火势很大，烧到我们的衣服上怎么办呢？赶紧脱掉吧，如果脱

166

不掉，那就在地上打滚！把着火的那一侧挨着地面，多滚几下，火就会被扑灭了。你一定要记住，衣服着火了千万不要来回跑哦！来回跑只会让火越来越大。

火灾逃生不拥挤

火势很猛时人们都忙着逃跑，很容易出现踩踏事故。小朋友，火灾逃生时可不要拥挤哦！跟在大人的身后，遵守逃离秩序，这样才不会摔倒，不会受伤，你知道了吗？

✂ **想一想**

小朋友，如果发生了火灾，火烧到了你的身上，你会怎么办呢？跟爸爸妈妈讨论一下吧！

安全小口诀

着火拨打119，
小火扑灭大火跑，
安全逃生不拥挤！

安全互动小测验

一、判断题

下列说法中哪些是对的？哪些是错的？请在对的括号内打"√"，错的括号内打"×"，并说出你的判断理由。

1. 不管火势大小，只要发生火灾，就只能先拨打119。（ ）

2. 发生火灾，我们要跟随"安全出口"的指示逃离，不能乘坐电梯。（ ）

3. 火势很大的话，我们要迅速逃离火灾现场。为了不吸入浓烟，我们可以用湿毛巾捂住口鼻。（ ）

二、如果你自己在家，发生火灾后你会怎么做呢？请试着画一画，写一写。

_____

_____

_____

🔥家长教育小锦囊

对这个年龄段的孩子来说，一次演习往往比多次重复的说教更有用。与孩子进行火灾逃生演习；让孩子掌握报警技巧，在紧急时刻仍能将必要的信息告知警方；教给孩子正确的逃生方法，以增强孩子的消防意识与自救能力，这将是孩子一生的宝贵财富。

安全互动小测验判断题答案：
1. ✕   2. ✓   3. ✓

打雷下雨我不怕，安全防范记心间

打雷下雨我不怕

小朋友，打雷下雨时你害怕吗？我可不怕呦！妈妈说，打雷下雨是自然现象，就跟刮风、下雪一样，一点儿都不可怕。你害怕刮风、下雪吗？虽然雷声大的时候我经常会被吵得睡不着觉，但是我一点儿都不害怕打雷下雨呢！小朋友，你是不是像我一样勇敢呢？

我不看电视

打雷下雨时你会看电视吗？要知道这样做可是不对的呦！小朋友，我们要掌握一些安全防雷的知识，在打雷下雨时不做危险的事情。比如，不看电视，不接打电话，远离门窗、暖气片。如果你不听妈妈的话，很可能会被雷电击中受伤呢。小朋友，遇到打雷下雨的天气，你知道应该怎么办了吗？

我要到安全场所避雨

如果我们在外边玩的时候，突然开始打雷、下大雨怎么办呢？小朋友先不要着急回家哦！赶快找个安全的地方避雨吧！我们可以去附近的超市、商店躲雨。小朋友千万要记住，不能在大树下避雨呦！虽然这样我们就不会淋雨了，但是在大树下我们很可能会被雷击中，这是十分危险的！

想一想

小朋友，你知道在雷雨天气还需要注意些什么吗？跟爸爸妈妈讨论一下吧！

安全小口诀　打雷下雨我不怕，
远离金属与电源，
大树底下很危险！

安全互动小测验

一、判断题

下列说法中哪些是对的？哪些是错的？请在对的括号内打"√"，错的括号内打"×"，并说出你的判断理由。

1. 打雷时看电视很危险，小朋友不应该看电视，但是可以玩手机。（　　）

2. 在外边玩时突然下大雨了，我们要到附近的商店避雨。（　　）

3. 在路上走的时候下大雨，我们要快点跑回家。（　　）

二、你害怕雷雨天气吗？你知道雷雨天气应该怎样做吗？请试着画一画，写一写。

_____

_____

_____

🔥 家长教育小锦囊

普及雷电的知识，教育孩子正确地认识自然现象，不要将雷电、暴风等自然现象妖魔化；教给孩子正确的安全防范知识，但不要刻意夸大雷电的危害，以免给孩子造成心理阴影。

安全互动小测验判断题答案：		
1. ✕	2. ✓	3. ✕

地震来了，我该怎么办

安全意识早养成

我会找"安全三角地带"

小朋友,你家住的是平房还是楼房?如果是平房或者住在一楼,那地震时就赶快往外跑吧!如果是住在楼房高层,那你千万不要急着往外跑,找个安全的地方躲着才是最安全的呢!你知道"安全三角地带"吗?在卫生间的墙角、大家具旁都可以形成一个三角形的空间,地震时我们可以在这些地方躲着哟!

我会听从老师的指挥

如果你在幼儿园遇到了地震怎么办呢?小朋友不要慌,听老师的指挥,有秩序地撤离吧!千万不要因为害怕而不敢走或者钻到桌子底下哟!要知道,这都是十分危险的!另外,撤离的时候,你要记得把书包放到头上哦!你知道这是为什么吗?

空旷场所更安全

发生地震时,住宅楼、教学楼都有可能倒塌,小朋友千万不要乘坐电梯哟!如果你从建筑物中逃了出去,一定要朝着空旷的地方跑,如广场、操场,一定要记得不要在大树、楼房、广告牌前停留,这样会被砸伤的。在空旷的场所抱头蹲下,我们就不会因摔倒而受伤了。

地震后不乱跑

如果在地震后你找不到爸爸妈妈了，不要随便乱跑哦！有时候大的地震过去了，还会有一些小的余震，你要是到处乱跑，很可能会受伤的！你放心，爸爸妈妈一定会想办法找到你的，警察叔叔也会帮助你找到爸爸妈妈的。小朋友，你要学会自我保护哦！

✂ 想一想

小朋友，你知道家里和幼儿园教室里还有哪些地方是"安全三角地带"吗？跟爸爸妈妈讨论一下吧！

安全小口诀

地震来了听指挥，
三角地带来躲藏，
空旷场所不乱跑！

🦌 安全互动小测验

一、判断题

下列说法中哪些是对的？哪些是错的？请在对的括号内打"√"，错的括号内打"×"，并说出你的判断理由。

1. 发生地震时，小朋友要赶快乘电梯往外跑，不能躲在家中。（　）

2. 家里的卫生间墙角可以形成一个安全三角地带，地震时小朋友可以暂时躲在这个空间，等地震结束后再逃出去。（　）

3. 发生地震后，小朋友要朝着空旷的场所跑，但是不能待在大树的附近，以免被砸伤。（　）

二、你正在家里写作业，感觉到发生地震了，你会怎么做呢？请试着画一画，写一写。

_____

_____

🔥 **家长教育小锦囊**

　　与孩子进行地震逃生演习，增强孩子的安全逃生意识与地震自救能力，是让孩子免受伤害的主要方式。如果家庭所在地区为地震多发区，家长可以准备一个应急包，将重要的物品、急救品等放到应急包中，便于在地震发生后迅速撤离。

安全互动小测验判断题答案：
1. ✕　　　2. ✓　　　3. ✕

后 记

　　小朋友，经过这段时间的学习，你是不是已经掌握了很多安全知识呢？现在，就请你回答一下这几个问题吧！

　　你自己在家时，有人敲门，你会怎么办呢？
　　在幼儿园，你不能在哪里玩耍呢？
　　爸爸开车带你去公园游玩时，你坐车时应该注意什么呢？
　　陌生人去幼儿园门口接你，他说他是爸爸的朋友，你会怎么做呢？
　　隔壁的叔叔说要跟你玩脱衣服的游戏，你会怎么办呢？
　　你正在写作业时，突然看到邻居家的房子着火了，你会怎么办呢？

　　怎么样，你是不是能够准确地回答出这些问题呢？
　　→如果你都回答出来了，那么恭喜你，你很棒，安全知识掌握得很牢固，有时间就和爸爸妈妈多多练习吧！千万不要在关键时刻掉链子哦!

　　→如果你有些问题没有回答出来，那也没关系，多读几遍就能回答出来了。小朋友千万别灰心哟！我第一次看完这本书的时候，也有好多问题没有回答上来呢，后来妈妈又陪着我读了好几遍，现在我把这些内容都记住啦！你也多看几遍吧！